V.V. Praveen Kumar
Subhashish Dey

Betão auto-adensável com cinza volante e sílica ativa

V.V. Praveen Kumar
Subhashish Dey

Betão auto-adensável com cinza volante e sílica ativa

Efeito nas propriedades de resistência e durabilidade do betão

ScienciaScripts

Imprint

Any brand names and product names mentioned in this book are subject to trademark, brand or patent protection and are trademarks or registered trademarks of their respective holders. The use of brand names, product names, common names, trade names, product descriptions etc. even without a particular marking in this work is in no way to be construed to mean that such names may be regarded as unrestricted in respect of trademark and brand protection legislation and could thus be used by anyone.

Cover image: www.ingimage.com

This book is a translation from the original published under ISBN 978-620-7-46979-6.

Publisher:
Sciencia Scripts
is a trademark of
Dodo Books Indian Ocean Ltd. and OmniScriptum S.R.L publishing group

120 High Road, East Finchley, London, N2 9ED, United Kingdom
Str. Armeneasca 28/1, office 1, Chisinau MD-2012, Republic of Moldova, Europe
Printed at: see last page
ISBN: 978-620-7-95413-1

Conteúdo

RECONHECIMENTO

Com um profundo sentido de gratidão, agradecemos sinceramente ao **Sr. V.V. Praveen Kumar**, Professor Assistente, pelo seu apoio, sugestões, empenho e dedicação ao longo do projeto. Os seus cuidados incondicionais, a sua supervisão meticulosa, a sua interpretação brilhante e a sua sabedoria alegre deram-nos a inspiração necessária. Ficamos-lhe gratos pelo extraordinário cuidado e preocupação que nos dispensou.

É com grande satisfação que estendo a minha sincera gratidão ao **Dr. A. SREENIVASULU**, diretor do departamento de engenharia civil, pelo seu encorajamento durante todo o estágio. As suas anotações e críticas estão na origem da conclusão bem sucedida do projeto. Gostaríamos de aproveitar a oportunidade para expressar o meu profundo sentimento de gratidão ao nosso diretor, **Dr. G.V.S. N.R.V. Prasad**, por ter proporcionado todas as facilidades necessárias.

Os nossos sinceros agradecimentos ao **Dr. SRK Reddy**, professor do departamento de engenharia civil e conselheiro da direção, pelo seu valioso apoio e sugestões que muito contribuíram para o bom desempenho do relatório.

Por último, gostaríamos de agradecer a todos os que, direta ou indiretamente, me ajudaram a concluir o nosso relatório.

RESUMO

O betão auto-adensável (SCC) é uma mistura de betão fluido sem segregação e compacta sob o seu próprio peso. O betão auto-adensável tem propriedades frescas como a capacidade de passagem, a capacidade de enchimento e a resistência à segregação. Nesta investigação experimental, os ensaios são realizados para determinar as propriedades mecânicas e de durabilidade do betão auto-adensável, contendo cimento Portland ordinário parcialmente substituído por cinzas volantes e sílica ativa. O desempenho da mistura de betão em termos de caraterísticas mecânicas e de durabilidade para o betão de grau M40 e a relação a/c é de 0,38 constante em todas as misturas. O cimento é substituído por cinzas volantes (ou seja, 5%, 10%, 15%, 20%, 25%, 30%), depois de obter o valor ótimo e o cimento é substituído por sílica ativa (ou seja, 2,5%, 5%, 7,5%, 10%) e 2% de super plastificante é usado em todas as misturas para obter uma trabalhabilidade específica. As caraterísticas de durabilidade devem ser avaliadas tão cuidadosamente como as outras propriedades mecânicas. Os resultados mostraram uma boa relação entre a resistência e a durabilidade do betão auto-adensável quando comparado com o betão convencional.

Palavras-chave: Cimento Portland comum, Agregado fino, Agregado grosso, Cinzas volantes, Sílica de fumo, Super plastificante.

CAPÍTULO-1

INTRODUÇÃO

1.1.Geral

O betão é o material de construção mais utilizado. À medida que a utilização do betão se torna quase obrigatória, necessidades como a durabilidade, a qualidade, a trabalhabilidade e a compacidade tornam-se cada vez mais importantes. O betão convencional é frequentemente moldado sob a forma de vibração, de modo a transportar o betão para todos os cantos da cofragem, libertar o ar retido e envolver adequadamente as armaduras, dando origem ao termo "betão auto-adensável". O betão auto-adensável é um novo tipo de betão que não necessita de vibração para ser compactado. Pode fluir sob o seu próprio peso quando completamente preenchido com cofragem e pode realizar a compactação total mesmo quando o reforço está congestionado.

Devido ao seu elevado consumo de energia, a indústria da construção tem um impacto ambiental, resultando num aumento das emissões de dióxido de carbono (CO_2). Aproximadamente uma tonelada de CO_2 é libertada para a atmosfera durante o fabrico de uma tonelada de cimento. Uma mistura SCC bem concebida não segregará e terá uma boa deformabilidade e estabilidade. A capacidade de enchimento, a capacidade de passagem e a resistência à segregação são três caraterísticas fundamentais do betão auto-adensável (SCC). Estas qualidades foram viabilizadas pela introdução de agentes redutores de água altamente eficazes (super plastificantes), que são tipicamente baseados em éteres policarboxílicos.

FLY ASH:

As cinzas volantes são um subproduto das centrais eléctricas alimentadas a carvão que é frequentemente utilizado em misturas de cimento. Existem duas formas de cinzas volantes:
> Cinzas volantes de baixo teor de cálcio (classe F) com menos de 8% de CaO produzidas por carvão betuminoso.
> Cinzas volantes com elevado teor de cálcio (classe C) 8-20% CaO produzidas pela queima de lenhite. As vantagens das cinzas volantes melhoram a durabilidade e a resistência a longo prazo.

FUMAÇA DE SÍLICA:

O processo de fundição do silício produz sílica de fumo, uma substância pozolânica. O silício metálico e as ligas de ferrossilício, que incluem uma grande quantidade de dióxido de silício (SiO_2) em fase vítrea e partículas esféricas muito pequenas, são fabricados com esta substância. O betão de alta resistência também é feito com sílica de fumo. O betão de alto desempenho tem uma resistência à compressão superior a 150Mpa quando a sílica de fumo é utilizada na mistura de betão. Estas combinações são mais duradouras e resistentes do que o OPC. Este estudo analisa as misturas ternárias de cinzas volantes, sílica de fumo e cimento Portland, utilizando uma variedade de combinações de 5% 10%, 15%, 20%, 25% e 30%, e sílica de fumo a 2,5%, 5%, 7,5% e 10%.

1.2. OBJECTIVO DA INVESTIGAÇÃO

O objetivo principal deste estudo é analisar a resistência e a durabilidade das cinzas volantes e da sílica de fumo. Os ensaios são realizados de acordo com os critérios da EFNARC e os resultados são comparados com a amostra de controlo, que contém betão com cinzas volantes, betão com sílica de fumo e betão convencional. É necessário identificar a percentagem óptima de betão com cinzas volantes e sílica de fumo através de uma interpretação correta dos resultados.

CAPÍTULO 2

REVISÃO DA LITERATURA

Uma revisão da literatura é um relatório de informação das revistas da nossa área de estudo. Esta revisão deve descrever, resumir, avaliar e clarificar as revistas. Esta revisão da literatura ajudar-vos-á a compreender o nosso trabalho. Uma revisão da literatura é mais do que a pesquisa de informação. Todos os trabalhos incluídos na revisão devem ser lidos, avaliados e analisados em relação à sua área de investigação.

J. M.Srishaila et.al. 2010 publicou uma revista sobre "Estudo da influência de cinzas volantes e fumos de sílica no comportamento do betão auto-adensável".

Neste estudo, é feito um exame de teste para considerar as propriedades do SCC, suplantando de certa forma o betão com um certo nível de detritos de fogo de mosca e de sílica de combustão. Além disso, as propriedades de trabalhabilidade, mecânicas e de durabilidade são consideradas nestas extensões de mistura de SCC. Este artigo apresenta a avaliação da conduta destes SCC, e isto mostra a garantia como um substituto mais verde para o Cimento Portland Ordinário em algumas aplicações. Este artigo descreve um procedimento especificamente desenvolvido para a obtenção de CCS, utilizando aditivos minerais como cinzas volantes e fumos de sílica, como material de substituição parcial do cimento. Para além disso, são apresentados os resultados dos ensaios relativos às caraterísticas de aceitação do SCC, tais como as caraterísticas de trabalhabilidade (Slump flow, J-ring, V-funnel, U-box e L-Box), as caraterísticas mecânicas (resistência à compressão, à tração por compressão e à flexão) e as caraterísticas de durabilidade (ensaio ácido).

Biswadeep Bharali et.al., 2009 publicou uma revista sobre "Estudo do betão auto-adensável (SSC) utilizando GGBS e cinzas volantes".

Neste trabalho são realizados estudos experimentais para compreender as propriedades novas e solidificadas do betão auto-adensável (SSC) em que a ligação é suplantada por escória de alto-forno granulada moída (GGBS) e cinzas volantes (FA) em diferentes extensões para o betão de revisão M 30. As extensões em que o betão é suplantado são 30% de GGBS, 20% de GGBS e FA, 40% de GGBS, 15% de GGBS e FA, 40% de FA e 30% de FA. A conduta de qualidade, a conduta de flexão e a conduta de rigidez dividida da SSC são examinadas. Os parâmetros são testados em várias idades de acordo com o Bureau of Indian Standards (BIS) para as diferentes extensões em que a ligação é suplantada e, além disso, os parâmetros obtidos são contrastados e SSC comum (100% de ligação). O super plastificante GLENIUM B233, um artigo da BASF, é utilizado para manter a utilidade com uma proporção constante de Água-Binder.

Victor et.al. 2011 publicou uma revista sobre "Investigated the Use of Micro Silica and Fly Ash in Self Compacting Concrete".

Neste estudo, o programa exploratório teve como objetivo investigar a utilização de restos de cinzas volantes e de micro-sílica no betão auto-adensável. Os níveis de substituição de aglomerante por restos de cinzas volantes e microssílica foram escolhidos como 35%, 30%, 25%, 15% e 10% para cinzas volantes e microssílica como 10%, 8%, 6%, 4% e 2% para cubos de tamanho padrão para a revisão C 50 do concreto autoadensável. Os exemplos de formas sólidas padrão (150 X 150 X 150 mm) foram lançados com resíduos de cinzas volantes e micro-sílica. Foi utilizada uma máquina de compressão para testar cada um dos exemplos. Os exemplos foram lançados com betão de revisão C 50 com vários níveis de substituição de ligação de 0-35% com restos de fogo, super plastificante e modificador de gosma enquanto níveis de substituição de ligação de 0 a 10% com micro sílica. Foram lançados cem exemplos e as formas dos cubos foram colocadas no tanque de cura durante 3, 7, 28 e 56 dias e a espessura dos blocos e a qualidade da compressão foram resolvidas e registadas adequadamente. A utilidade foi resolvida utilizando o fluxo de inclinação, o canal em V e a caixa em L, de acordo com a norma utilizada. Este estudo mostra que a micro-sílica e as cinzas volantes com 2% e 10% de substituição no betão auto-adensável foi o melhor projeto e desenvolveu uma resistência suficiente para fins de construção. Estas substituições levaram a uma redução da quantidade de cimento necessária para fins de construção e, por conseguinte, aumentam a sustentabilidade na construção, bem como ajudam a construção económica.

S. Mohammad et.al. 2012 publicou uma revista sobre "Propriedades mecânicas e de durabilidade do betão auto-consolidante de alto desempenho que incorpora sílica de fumo e cinzas volantes"

No presente estudo, procurou-se compreender que os aditivos minerais são amplamente utilizados como materiais de substituição do cimento, tanto no betão de alto desempenho (HPC) como no betão auto-consolidante (SCC). Foram efectuadas várias misturas de betão auto-consolidante incorporando diferentes níveis de substituição, mantendo o rácio de 1:1,5:1 e substituindo-os por sílica ativa ou cinzas volantes (0-20% do peso do cimento), a fim de avaliar e comparar o efeito dos aditivos minerais nas propriedades do betão auto-consolidante. A resistência máxima à compressão atingiu 10% de SF aos 28 dias de idade de cura, o que é 5% superior à mistura convencional. A substituição do cimento por sílica de fumo a 10% e 20% reduziu a absorção final de 4,5% para 2,76% e 2,57%, respetivamente. A incorporação de cinzas volantes também diminuiu a absorção de água, mas de forma tão eficaz como a sílica de fumo. No entanto, a sílica de fumo é ligeiramente mais eficaz do que a cinza volante na melhoria das propriedades de durabilidade do SCHPC.

A. Nadeem et.al., 2016 publicou uma revista sobre "Sorpitivity of self compacting concrete containing fly ash and silica fume".

Este artigo apresenta a absorção de água à superfície do betão auto-adensável (SCC) contendo cinzas volantes e sílica de fumo utilizando o ensaio de sorção. O cimento Portland normal foi parcialmente substituído por várias combinações de cinzas volantes e sílica de fumo. Os resultados dos ensaios mostram que a presença de cinzas volantes e de sílica de fumo reduz significativamente a absorção de água à superfície do betão auto-adensável a uma relação água-cimento de 0,38. Quando apenas as cinzas volantes são utilizadas para substituir parcialmente o cimento Portland comum, verifica-se uma redução mais notória da absorvência quando o teor de cinzas volantes é superior a 20%. O efeito da utilização combinada de cinzas volantes e sílica de fumo na redução da absorção de água e da sorptividade é muito mais significativo do que a utilização apenas de cinzas volantes. A adição de cinzas volantes e sílica de fumo aumenta a resistência ao cubo aos 28 dias.

F.A. Mustapha et.al., 2019 publicou uma revista sobre "O efeito da cinza volante e da sílica ativa no betão auto-compactável de alto desempenho".

Este trabalho centrou-se na viabilidade da substituição do cimento Portland normal por materiais de cimentação suplementares (SCMs), ou seja, cinzas volantes (FA) e sílica de fumo (SF). As misturas continham 0%, 25%, 40%, 50%, 65% e 75% de substituição de cimento por FA, a SF foi mantida a 10% de substituição constante para o grau M60 de betão e a relação água-cimento (a/c) foi fixada em 0,31 para todas as misturas. O ensaio de resistência à compressão foi determinado em cubos de betão de 150 mm com idades de cura de 7 e 28 dias.

A mistura de 40% PC, 50% FA e 10% SF atingiu uma resistência máxima à compressão de 72,06 MPa aos 28 dias de cura.

Rajesh Gupta et.al., 2020 publicou uma revista sobre "Desempenho mecânico e de resistência à abrasão da sílica de fumo, pó de lama de mármore e cinzas volantes amalgamadas em betão auto-consolidante de alta resistência".

No presente estudo, procurou-se compreender o impacto da sílica de fumo (SF), do pó de lama de mármore (MSP) e da cinza volante (FA) nas propriedades mecânicas e na resistência à abrasão do betão auto-consolidante de alta resistência (HSSCC). No total, foram preparados dezasseis números de misturas de betão. A utilização combinada de SF, MSP e FA em HSSCC a 5%, 10% e 15%, respetivamente, produziu os melhores resultados em termos de desempenho mecânico. A incorporação de 10% de MSP e 15% de FA individualmente, juntamente com 5% de SF, mostrou uma maior resistência à compressão de 9,29% e 13,15%, respetivamente, em comparação com a mistura de controlo. No entanto, o uso coletivo de 10% de MSP e 15% de FA, juntamente com 5% de SF, mostrou uma resistência à compressão 14,64% superior.

CAPÍTULO-3

MATERIAIS

3.1. Geral

Os materiais que utilizamos no nosso trabalho são provenientes de recursos disponíveis localmente e só devem ser tomados em consideração após a realização de vários testes. Estamos a utilizar cimento, cinzas volantes, agregado fino, agregado grosso, sílica ativa, super plastificante.

3.2. CIMENTO

O cimento Portland normal, grau 53, é fabricado através da combinação de materiais calcários e argilosos com outros materiais que contêm sílica, alumina ou óxido de ferro, queimando-os a temperaturas elevadas e moendo o clínquer resultante para produzir o cimento com uma qualidade elevada. Após a queima dos constituintes do cimento, não deve ser adicionado qualquer material para além de gesso, água e melhorador de desempenho. O cimento Portland normal de grau 53 (ultra-tech 53grade) foi utilizado para cumprir as normas da IS: 12269-2015 e ASTM C 642-82 tipo I.

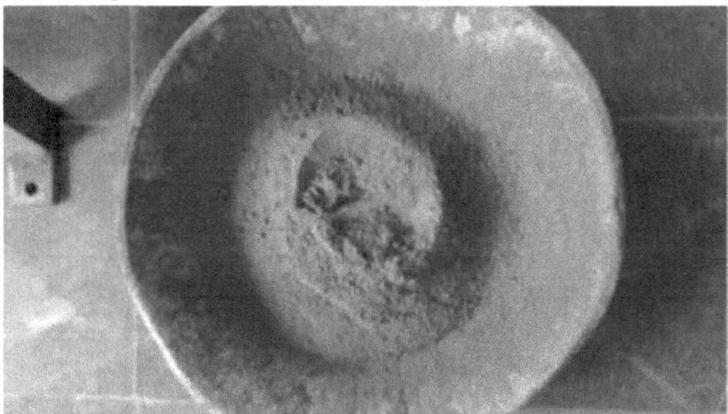

Figura 3.1: Cimento

Tabela 3.1: COMPOSIÇÃO QUÍMICA DO CIMENTO

S. Não	Componentes principais	Percentagem (%)
1	CaO	65.0
2	SiO_2	20.0
3	Al_2O_3	4.90
4	Fe_2O_3	2.30
5	MgO	3.10
6	Na_2O_3	0.20
7	K_2O	0.40
8	SO_3	2.30
9	LOI	2.8

Quadro 3.2: ENSAIOS SOBRE O CIMENTO PORTLAND ORDINÁRIO

S.N.	Elementos dos ensaios	Resultados dos testes	Requisitos de acordo com os códigos IS
1	Consistência padrão	32%	IS 4031-2019 (Parte-4)
2	Gravidade específica	3.12	IS 2720 (Parte 3)

Tempo de definição		
3		
a) Inicial	35 minutos	De acordo com a norma 12269-2015 30 minutos (mínimo)
b) Final	450 minutos	De acordo com a norma 12269-2015 600 minutos (máximo)

3.3. AGREGADO FINO

Neste estudo, utilizamos um agregado fino e areia de rio bem graduada com uma granulometria de 4,75 mm. Antes de utilizar esta areia natural como agregado fino, é necessário conhecer as qualidades da areia natural do rio. As propriedades do agregado fino são calculadas utilizando os códigos IS 383-1970 e IS 2386-1963.

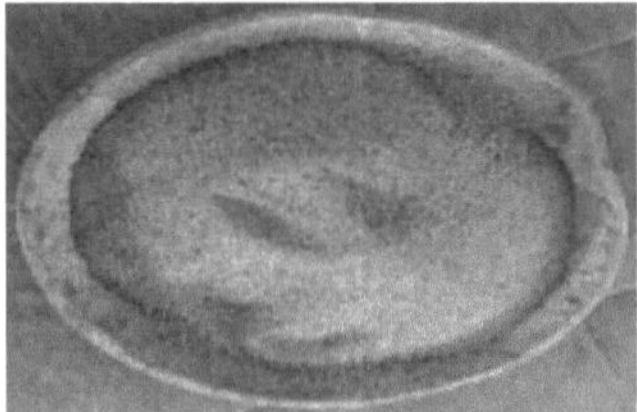

Figura 3.2: Agregado fino

Quadro 3.3: ENSAIOS SOBRE AGREGADOS FINOS

S.N.	Dados do ensaio	Resultados dos testes
1	Gravidade específica	2.64
2	Absorção de água (%)	0.9%
3	Análise granulométrica	Zona II
4	Módulo de finura	3.07

3.4. AGREGADO GROSSEIRO

As rochas naturais, as escórias, a argila expandida e o xisto (agregados leves) e outros materiais inertes aceites com propriedades semelhantes, tais como cascalho, resultantes da rocha-mãe, e outros materiais inertes aceites com propriedades semelhantes, em conformidade com os requisitos específicos destes materiais, substancialmente retidos no peneiro IS n.º 4, podem ser considerados agregados grosseiros.

Figura 3.3: Agregado grosso

Quadro 3.4: ENSAIOS DE AGREGADO GROSSO

S.N.	PORMENORES DO ENSAIO	RESULTADOS DOS TESTES
1	Gravidade específica	2.72
2	Absorção de água (%)	0.1%

3.5. FLY ASH

As cinzas volantes são um subproduto heterogéneo criado durante o processo de combustão do carvão nas centrais eléctricas. Trata-se de um pó cinzento fino com partículas esféricas vítreas que sobem com os gases de combustão. Como as cinzas volantes contêm elementos pozolânicos, podem ser utilizadas com cal para criar materiais de cimentação. As cinzas volantes são utilizadas em betão, minas, aterros sanitários e barragens, entre outros locais. Os vários tipos de cinzas volantes incluem: Existem duas formas de cinzas volantes a considerar.

São os seguintes:

Cinzas volantes de classe F:

A queima de carvão antracite e betuminoso mais duro e antigo produz cinzas volantes de classe F.

Esta cinza volante é pozolânica por natureza, contendo menos de 8% de cal (CaO). Uma vez que as cinzas volantes da classe F contêm propriedades pozolânicas, requerem um agente cimentante para reagir e gerar compostos de cimentação, tais como cimento Portland, cal viva ou cal hidratada misturada com água.

Cinzas volantes de classe C:

As cinzas volantes produzidas a partir da combustão de lenhite jovem ou de carvão sub-betuminoso têm certas propriedades de autocimentação, para além de qualidades pozolânicas. Quando expostas à água, as cinzas volantes da classe C endurecem e tornam-se mais fortes. As cinzas volantes da classe C contêm mais de 20% de cal na maioria das situações (CaO).

Figura 3.4: Cinzas volantes

Quadro 3.5: COMPOSIÇÃO QUÍMICA DA CINZA DE AVES

S.N.	Composição química	Percentagem (%)
i.	SO3	54.90
ii.	Al2O3	25.80
iii.	Fe2O3	6.90
iv.	CaO	8.70
v.	MgO	1.80
vi.	SO3	0.60
vii.	LOI	1.5

Tabela 3.6: ENSAIO DE CINZAS VOLANTES

S.NO	CARACTERÍSTICAS DA CINZA VOLANTE	RESULTADOS DOS TESTES
1	Gravidade específica da cinza volante	2.34

3.6.FUMA DE SÍLICA

A produção de silício metálico ou de ligas de ferro-silício produz sílica de fumo como subproduto. O betão é uma das aplicações mais benéficas da sílica de fumo. Trata-se de uma pozolona altamente reactiva devido às suas caraterísticas químicas e físicas. O betão com sílica de fumo pode ser extremamente forte e duradouro. A aplicação mais importante deste material é como aditivo mineral no betão. O dióxido de silício amorfo (não cristalino) é o principal componente da sílica de fumo (SiO2). As partículas individuais são incrivelmente pequenas, cerca de 1/100 do tamanho de uma partícula típica de cimento.

Figura 3.4: Sílica de fumo

Tabela 3.7: CARACTERÍSTICAS FÍSICAS DO FUME DE SÍLICA

S.N.	Propriedades físicas	Resultados
1	Estado físico	Pó micronizado
2	Odor	Sem odor
3	Aparência	Pó de cor branca
4	Cor	branco

Tabela 3.8: CONSTITUINTES QUÍMICOS DA SÍLICA DE FUMO

S.N.	Composição química	Percentagem (%)
i.	SO2	99.886
ii.	Al2O3	0.0043

iii.	Fe2O3	0.040
iv.	CaO	0.001
v.	MgO	-
vi.	NaO	0.003
vii.	K2O	0.001
viii.	SO	-
ix.	TiO	0.001
x	LOI	3.6

Quadro 3.9: ENSAIO COM FUMA DE SÍLICA

S.N.	Elementos dos ensaios	Resultados dos testes
1	Gravidade específica	2.25

3.7.SUPER PLASTIFICANTE

Cera hyper plast XR W-40 é uma nova gama de aditivos redutores de água à base de éter poli-carboxílico.

Vantagens do super plastificante:

1. Obtém um slump mais elevado do que o super plastificante normal.
2. Dosagem mais baixa em comparação com o super plastificante normal.

Utilizações do Super Plastificante:

3. É utilizado para betão autoconsolidante utilizando rácios de água-cimento baixos em comparação com o betão normal.
4. É utilizado para betões prontos em zonas urbanas congestionadas, onde o tempo de utilização é longo.
5. Pode ser utilizado em aplicações de betão pré-fabricado e pré-tensionado.

Quadro 3.10: PROPRIEDADES TÉCNICAS DO SUPERPLASTICIZADOR

Aparência	Líquido
Cor	Bege
Química	Poli carboxilato
Composição	Éter
Ingredientes	35%
Gravidade específica	1.09
ph	6-8

3.8.ÁGUA

A água é um ingrediente fundamental na produção de betão e a qualidade da água deve ser monitorizada, uma vez que pode incluir poluentes que reduzem a resistência do betão e causam corrosão quando é utilizada armadura de aço. Óleo, ácido, alcalino, sal, açúcar, lodo, matéria orgânica e outras impurezas que podem corroer o betão ou o aço não devem estar presentes na água utilizada para curar e produzir betão.

CAPÍTULO-4

ENSAIO DE MATERIAIS

4.1. ENSAIOS ONCEMENT

Para a qualidade, resistência e verificação de outras propriedades do cimento, realizamos muitos tipos de testes em laboratório, que são

> Finura do cimento

> Consistência padrão

> IST do cimento

> FST do cimento

> Gravidade específica do cimento

4.1.1: FINURA DO CIMENTO

Objetivo da experiência:

A peneiração a seco é utilizada para determinar a finura do cimento de acordo com a IS: 4031(Parte 1) -1996.

Aparelho:

1. Dimensão do peneiro: 90µm.
2. Diâmetro da peneira: 150mm a 200mm.
3. Profundidade do peneiro: 45mm a 100mm.
4. Balança, pincel, espátula, cimento (100g).

Procedimento:

5. Colocar 100g de cimento (W1) numa peneira de 90µms.
6. Colocar o tabuleiro debaixo da peneira.
7. Agitar o cimento durante 2 a 4 minutos num peneiro de 90 m para o agitar.

> Pesar a quantidade de amostra retida no peneiro de 90µm e a quantidade de cimento que passa no peneiro de 90µm. Calcular a percentagem de retido.

Cálculo:

$$\text{Percentagem de retidos} \quad \frac{\text{Weight of the Sieve retained on } 90\mu \text{ Sieve}}{\text{Total sample taken}} * 100$$

Peso do peneiro retido no peneiro de 90µ

Total da amostra colhida

Tabela 4.1: FINURA DO CIMENTO

S.N.	Quantidade de cimento tomada (em gms)	Peso retido (em gms)	Finura de Cimento%
1	100	5	5

4.1.2: CONSISTÊNCIA NORMALIZADA DO CIMENTO

Objetivo da experiência:

Determinar a quantidade de água necessária para obter uma consistência padrão de acordo com a norma IS: 4031 (Parte 4) - 2015.

Princípio:

A consistência padrão de uma pasta de cimento é definida como a consistência que permite que o êmbolo de Vicat penetre a uma profundidade de 5 a 7 mm a partir do fundo do molde de Vicat.

Aparelho:

> IS: 5513 - 1976 Aparelho de Vicat

> Com uma carga de 1000 g, o desvio máximo permitido deve ser de +1,0 g.

> IS: 10086 - Espátula de medição de 1982

Procedimento:

1. Pesar cerca de 400 g de cimento e combiná-lo com uma quantidade medida de água.

2. Com uma espátula, nivelar a massa no molde Vicat.

3. Baixar suavemente o êmbolo até este entrar em contacto com o cimento.

4. Deixar o êmbolo assentar na pasta depois de o soltar.

5. Tomar nota da leitura do indicador.

6. Repetir o passo 2 com amostras de cimento fresco e quantidades variadas de água até que o medidor indique 5 a 7 mm.

Figura 4.1: Aparelho de Vicat

Resultado:

A consistência normal do cimento é de 32%.

4.13: TEMPO DE PRESA INICIAL DO CIMENTO:

Objetivo da experiência:

Com o aparelho de Vicat, determinar o IST do cimento.

Aparelho:

> Aparelho de Vicat

> Êmbolo (tipo agulha)

> Molde de cimento (tipo cone)

> Placa de vidro e lubrificante

Procedimento:

1. Pegar no aparelho de Vicat e colocar o êmbolo de consistência normalizada (tipo agulha), baixar a haste e verificar se a leitura é zero quando o êmbolo toca na placa de repouso não porosa (placa de vidro); caso contrário, ajustar a zero.

2. A temperatura e a água da sala de ensaios devem situar-se, de preferência, entre 27±20°C.

3. Revestir a placa de repouso não porosa (placa de vidro) com vaselina Colocar o molde depois de o revestir ligeiramente com vaselina sobre a placa de repouso não porosa (placa de vidro).

4. Preparar uma pasta de cimento puro misturada com água que seja 0,85 vezes superior à consistência padrão (Ex: Se a consistência padrão for 31% de água para o tempo de presa inicial=0,30x300x0,85).

5.   Deve demorar entre 3 a 5 minutos a adicionar água ao cimento para dizer que está pronto a encher o molde de vicat.

6.   Assim que começar a adicionar água e a misturar a pasta de cimento, inicie o cronómetro. A mistura deve ser efectuada com uma espátula de medição, uma espátula de aço sem manchas disponível nos fornecedores de equipamento de laboratório.

7.   Encher completamente o molde com a pasta preparada, alisando a superfície e nivelando o molde.

8.   Colocar o molde sob a agulha (quadrado de 1 mm) juntamente com a placa de repouso não porosa de pasta de cimento.

9.   Baixar suavemente a agulha até tocar na superfície do bloco e, em seguida, soltá-la imediatamente para garantir que a panela de traço está a funcionar corretamente.

10. A agulha perfurará completamente o bloco de ensaio no início; repetir esta operação até que a agulha não penetre no bloco de ensaio a 50,5 mm do fundo do molde.

Resultado:

O cimento tem uma TSI de 40 minutos.

4.1.4: TEMPO DE FIXAÇÃO FINAL FORCEMENT:

Objetivo da experiência:

Utilizando o dispositivo Vicat, determinar o FST do cimento.

Aparelho:

1.   Aparelho de Vicat
2.   Agulha (fixação anular)
3.   Molde de cimento (tipo cone)
4.   Placa de vidro e lubrificante

Procedimento:

5.   Depois de estabelecer o primeiro tempo de preparação, substitui a agulha do dispositivo Vicat pelo acessório anular.

6.   Baixe suavemente o acessório até tocar na superfície do bloco e, em seguida, solte-o com a panela.

7.   Repetir este método em intervalos regulares até que a agulha deixe uma impressão na superfície do bloco e a impressão circular deixe de ser visível.

Resultado:

O cimento tem um tempo de presa final de 450 minutos.

4.1.5: GRAVIDADE ESPECÍFICA DO CIMENTO:

Objetivo da experiência:

O querosene, que não reage com o cimento, é utilizado para medir a gravidade específica do cimento

Aparelho:

>   Frasco de densidade específica ou frasco de Le Chatlier com capacidade para 100 ml
>   Balança de pesagem

Procedimento:

1.   Pesar um balão de Le Chatlier ou um frasco de densidade específica com rolha, limpo e seco (W1).

2.   Encher metade do balão com a amostra de cimento e pesar com a rolha (W2).

3.   Encher o balão até meio com querosene (líquido polar) e misturar bem com uma vareta de vidro para libertar o ar aprisionado. Continuar a encadear e adicionar mais petróleo até ao traço graduado. Pesar agora o frasco (W3).

4. Limpar cuidadosamente a área depois de remover o cimento e o querosene. Deitar o querosene na garrafa e pesá-lo (W4)

Figura 4.2: Frasco de Le Chatlier

Quadro 4.2: OBSERVAÇÕES

Peso do balão vaziow1	25
Peso do balão vazio+ cimento w2	45
Peso do balão vazio + cimento + querosene w3	80
Peso do balão vazio + querosene w4	65

Gravidade específica do querosene $G_{k=0,78}$

Gravidade específica do cimento $= \dfrac{(W2-W1)*G_k}{(W2-W1)-W3-W4)}$

Gravidade específica do cimento $= \dfrac{(45-25)}{(45-25)-(80-65)} \, 0.78$

Resultado:
Gravidade específica do cimento = 3,12

4.2. TESTES SOBRE AGREGADOS:
1. Análise granulométrica e módulo de finura
2. Ensaio de gravidade específica
3. Absorção de água

4.2.1: ANÁLISE GRANULOMÉTRICA DO AGREGADO FINO E MÓDULO DE FINURA:
Objetivo da experiência:
As peneiras são utilizadas para determinar a distribuição do tamanho das partículas do agregado fino através de peneiração. (De acordo com IS: 2386 parte-1 agregados para metodologias de ensaio de betão).

Princípio:
Os agregados são divididos em vários grupos, passando a amostra por uma sucessão de peneiras padrão com aberturas de tamanho decrescente, cada uma das quais inclui agregados numa determinada gama de tamanhos.

Aparelho:
1. Peneiras: tamanhos de 10mm, 4,75mm, 2,36mm, 1,18mm, 600µm, 300µm e 150µm.
2. Balança (máquina de pesagem).

Procedimento:
3. Calcular o peso da amostra seca.

4. Peneirar a amostra do peneiro maior para o mais pequeno, começando pelo peneiro de 10 mm.

5. Pesar o material mantido em cada peneira quando a peneiração estiver concluída.

6. Determinar a proporção de areia retida em cada filtro e a percentagem total de areia que passa por cada peneira.

7. Multiplicar a percentagem acumulada de areia retida nos crivos de 10 mm, 4,75 mm, 2,36 mm, 1,18 mm, 600 m, 300 m e 150 m por 100 para obter o módulo de finura da areia.

8. Para saber em que zona de classificação se encontra a areia, consulte o quadro seguinte.

Quadro 4.3: ZONA DE CLASSIFICAÇÃO DE AGREGADOS FINOS

Passagem cumulativa em peneiras IS para zona de classificação				
Peneira IS	Zona I	Zona-II	Zona-III	Zona-IV
10 mm	100	100	100	100
4,75 mm	90-100	90-100	90-1000	90-100
2,36 mm	60-95	75-100	85-100	95-100
1,18 mm	30-70	55-90	75-100	90-100
600 µm	15-34	35-59	60-79	80-100
300 µm	5-20	8-30	12-40	15-50
150 µm	0-10	0-10	0-10	0-15

Tabela 4.4: Análise granulométrica do agregado fino e módulo de finura:

IS Tamanhos de peneira	Peso retido (gm)^s	Percentagem (%) de peso retido	Percentagem (%) de peso Aprovação	Acumulado (%) de peso retido
4,75 mm	0	0	100	0
2,36 mm	10	1	99	1
1,18 mm	125	12.5	86.5	13.5
600µ	430	43	43.5	56.5
300µ	315	31.5	12	88
150µ	85	8.5	3.5	96.5
<150µ	10	1	99	1

Soma das percentagens de peso acumuladas

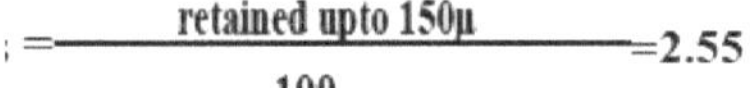

$$; = \frac{\text{retained upto } 150\mu}{100} = 2.55$$

Módulo de finura

Resultados:

Os valores obtidos são semelhantes aos da Zona-II. Assim, a areia selecionada é a Zona-II.

4.2.2: GRAVIDADE ESPECÍFICA DO AGREGADO FINO:

O picnómetro é utilizado para agregados de dimensão inferior a 4,5 mm. Secar bem o picnómetro e pesá-lo com a tampa (W1). Enche-se o picnómetro com agregado até cerca de 1/3rd e pesa-se novamente. Adicionar água suficiente até ao topo e deixar sair o ar aprisionado. Após a formação de bolhas de ar na tampa, esta é suavemente apertada para evitar fugas de água. Encher o picnómetro com água lentamente até ao topo da tampa sem derramar (W3) através do tubo. Limpar o picnómetro lavando-o bem com água. Encher o picnómetro apenas com água e pesá-lo (W4). Repetir o teste mais duas vezes e calcular a média para obter melhores resultados.

Figura 4.3: Picnómetro

$$\text{Gravidade específica} = \frac{(W2-W_1)}{(W2-W_1)-(W3-W_4)}$$

Quadro 4.5: GRAVIDADE ESPECÍFICA DO AGREGADO FINO

S.N.	Observação	Peso
1	Peso da garrafa vazia (W1)	0.620
2	Peso da garrafa com agregado (W2)	1.130
3	Garrafa + agregado + água (W3)	1.898
4	Garrafa só com água (W4)	1.670
	Gravidade específica da areia	2.64

Resultado: Gravidade específica da areia=2,64

4.2.3: ABSORÇÃO DE ÁGUA DO AGREGADO FINO:

A capacidade dos agregados de absorverem água terá um impacto considerável na trabalhabilidade do betão.

Tabela 4.6: Absorção de água do agregado fino:

S.N.	Observação	Areia natural
1	Peso inicial da amostra W1	2
2	Peso da amostra depois de seca na estufa W2	2.01
3	Absorção de água	0.9

4.2.4: GRAVIDADE ESPECÍFICA DO AGREGADO GROSSO (IS2386-PARTE3):

O picnómetro é utilizado para agregados de dimensão inferior a 10 mm. Secar bem o picnómetro e pesar com a tampa (W1). Enche-se o picnómetro com agregado até cerca de $1/3^{rd}$ e pesa-se novamente. Adicionar água suficiente até ao topo e deixar sair o ar aprisionado. Após a formação de bolhas de ar na tampa, esta é suavemente apertada para evitar fugas de água. Encher o picnómetro com água lentamente até ao topo da tampa sem derramar (W3) através do tubo. Limpar o picnómetro lavando-o bem com água. Encher o picnómetro apenas com água e pesar (W4).

19

$$\text{Gravidade específica} = \frac{(W_2 - W_1)}{(W_2 - W_1) - (W_3 - W_4)}$$

Quadro 4.7: GRAVIDADE ESPECÍFICA

S.N.	Observações	W (Kg)
i.	Peso da garrafa vazia (Wi)	0.61
ii.	Peso da garrafa + agregado (W2)	1.05
iii.	Peso da garrafa + agregado + água (W3)	1.805
iv.	Peso da garrafa só com água (W4)	1.525
Agregados grossos Gravidade específica		2.72

4.2.5: ABSORÇÃO DE ÁGUA DO AGREGADO GROSSO (IS2386-PARTE3):

A trabalhabilidade do betão é grandemente afetada pela absorção de água dos agregados.

Tabela 4.8: Absorção de água do agregado grosso:

S.N.	Observações	W (kg)
1	Peso da amostra inicial W1	2
2	Peso da amostra seca em estufa W2	1.99
3	Absorção de água	0.38

CAPÍTULO-5

DESENHO MIX

O SCC de grau M40 é utilizado para este projeto. A conceção da mistura de SCC foi obtida seguindo o processo normalizado descrito na IS: 10262-2009. Requisitos de proporção

Designação do grau	M40
Tipo de cimento	OPC 53
Tamanho do agregado	12,5 mm Passagem
Teor mínimo de cimento	$380 kg/m^3$
Teor máximo de cimento	$600 kg/m^3$
Relação água-cimento	0.29
Tipo de agregado	Angular esmagado
Adjuvante químico	Super Plastificante
Gravidade específica do cimento	3.12
Gravidade específica do agregado fino	2.64
Gravidade específica do agregado grosso	2.72

PROJECTO DE MISTURA PARA BETÃO DE GRAU M40:

1. Força do alvo:

fck' = fck + 1,65S

onde

fck' = Resistência à compressão aos 28 dias

fck = resistência caraterística à compressão aos 28 dias.

S = Desvio padrão

De IS: 456-2000, desvio padrão,

S= 5

fck' =40+1,65(5) = 48,25 N/mm^2

2. Seleção da relação W/C:

Do quadro 5 (cláusulas 6.1.2, 8.2.4.1 e 9.1.2) IS 456:

2000, Relação a/c máxima= 0,4

A partir da Figura 1 IS 10262:2019 como 0,38 0,38<0,4, portanto, está OK

3. Seleção do teor de água:

De acordo com o código IS 10262:2019 de

Quadro 7 Teor máximo de água =

195 kg/m^3

De acordo com as diretrizes da EFNARC

Gama de teor de água = 150 kg/m^3 -210 kg/m^3 Adotar teor de água = 170 kg/m^3

4. Cálculo do teor de cimento:

Relação água-cimento =0 ,38

$$= \frac{170}{0,38} = 447.36 kg/m^3 = 450 kg/m^3$$

Teor de cimento

De acordo com a norma IS 456:2000 (quadro 5)

Teor mínimo = 360 kg/m^3

450kg/m^3 >360kg/m^3 Por conseguinte, não há problema.

Proporção de agregado fino e agregado grosso:

Volume de agregado fino= 0,55m^3

Volume de agregado grosso =0,45m^3

5. Cálculo da mistura:

Volume de   betão=1m^3

Ar aprisionado para uma dimensão máxima de agregado de 12,5 mm =0,8% (De acordo com o código IS 10262:2019 da Tabela 6)

Volume de cimento - $=\dfrac{\text{Mass of Cement}}{\text{Specific gravity of cement} \ast 1000} = \dfrac{450}{3.12 \ast 1000} = 0.144\text{m}^3$

Volume de água $=\dfrac{\text{Mass of water}}{\text{Specific gravity of water} \ast 1000} = \dfrac{170}{1 \ast 1000} = 0.17\text{m}^3$

Massa do aditivo químico $=0.4\% = \dfrac{0.4}{100} \ast 450 = 1.8\text{kg/m}^3 \cong 2\text{kg/m}^3$

Volume do aditivo químico $=\dfrac{2}{1.1 \ast 1000} = 0.0002\text{m}^3$

Volume total de agregado=1-0,008-0,144-0,17-0,0002=0,676m^3

Massa do agregado fino = 0,676*0,55*2,64*1000=981,55kg/m^3

Massa do agregado grosso = 0,676*0,45*2,72*1000=827,42kg/m^3

QUADRO 5.1: PROPORÇÃO DA MISTURA M40

S.N.	CEMEN T (kg/m)^3	AGREGADO FINO (kg/m)^3	AGREGADO GROSSO (kg/m)^3	ÁGUA
1	450	981.55	827.42	170 litros
2	1	2.18	1.84	0.38

Quadro 5.2: QUANTIDADES DE CIMENTO SUBSTITUÍDAS POR CINZA

Mistura	Cimento (kg/m)^3	Cinzas volantes (kg/m)^3	FA (kg/m)^3	CA (kg/m)^3	Água (kg/m)^3
Convencional	450	0	981.55	827.42	170
FA-5%	427.5	22.5	981.55	827.42	170
FA-10%	405	45	981.55	827.42	170
FA-15%	382.5	67.5	981.55	827.42	170
FA-20%	360	90	981.55	827.42	170
FA-25%	337.5	112.5	981.55	827.42	170
FA-30%	315	135	981.55	827.42	170

Quadro 5.3: QUANTIDADES DE CIMENTO SUBSTITUÍDAS POR CINZAS VOLANTES E SÍLICA DE FUMO

Mistura	Cimento (kg/m)^3	Cinzas volantes (kg/m)^3	SF (kg/m)^3	FA (kg/m)^3	CA (kg/m)^3	Água (kg/m)^3
FA-20%+SF-2,5%	351	90	9	981.55	827.42	135
FA-20%+SF-5%	342	90	18	981.55	827.42	135
FA-20%+SF-7,5%	333	90	27	981.55	827.42	135
FA-20%+SF-10%	324	90	36	981.55	827.42	135

CAPÍTULO -6

BETÃO AUTO-ADENSÁVEL

6.1.INTRODUÇÃO

Em 1983, houve uma grande crise no Japão devido à durabilidade das estruturas de betão, e verificou-se que uma das razões para as estruturas terem o problema da deterioração prematura se devia ao facto de o betão não poder ser compactado adequadamente. H. Okamura, de Tóquio, desenvolveu um conceito básico de betão auto-compactável. Mais tarde, em 1988, foram efectuadas experiências abertas em laboratório sobre o mesmo. Os estudos para o desenvolvimento do betão auto-adensável foram posteriormente realizados por Ozawa e Maekawa na Universidade de Tóquio e, em 1993, foi desenvolvido um betão de alto desempenho com elevadas propriedades auto-adensáveis. Até à data, tem sido feito muito trabalho no domínio do betão auto-adensável no que diz respeito a ensaios, conceção de misturas, durabilidade e várias outras propriedades relacionadas com a resistência, mas ainda há muito a explorar neste vasto domínio da engenharia do betão.

O SCC foi desenvolvido pela primeira vez por Okamura, no Japão, no final dos anos 80, para obter construções de betão mais duradouras. O SCC tornou-se popular para utilização em estruturas de betão armado compactadas com circunstâncias de moldagem difíceis. O betão fresco deve ter uma elevada fluidez e coesão para tais aplicações. É utilizado para tornar o enchimento e o desempenho estrutural de componentes estruturais substancialmente reforçados mais fácil e mais fiável.

6.2.O que é o betão auto-adensável

O SCC é uma forma de betão único que tem uma elevada trabalhabilidade e propriedade de auto-compactação, o que significa que se compacta a si próprio devido às suas elevadas propriedades de fluxo, eliminando. Para tornar o betão autocompactável de alta resistência, a relação água/cimento deve ser limitada a um mínimo. Os aditivos químicos são adicionados ao betão para aumentar a sua fluidez e trabalhabilidade sem alterar a relação água/cimento ou a resistência.

Vantagens da SCC:

> O tempo de construção é reduzido.
> Redução do número de pessoas a trabalhar na obra
> Acabamentos de superfície mais apelativos
> A colocação é mais fácil e a durabilidade do produto é melhorada.
> Maior flexibilidade de conceção
> Secções de betão mais finas
> Os níveis de ruído são reduzidos e não há vibrações.
> Melhoria das condições de trabalho

Outros benefícios da SCC incluem:

> Reduz o ruído relacionado com as vibrações.
> Durante o transporte e a utilização, proporciona uma excelente estabilidade.
> Tem uma qualidade de superfície consistente e homogénea.
> Permite uma maior flexibilidade de conceção.
> É boa para a fundição de estruturas subaquáticas.

6.3. PRINCÍPIO BÁSICO

O betão auto-adensável deve seguir estes princípios básicos:

1. O betão deve ter um fluxo normal sem restrições a céu aberto.
2. O betão deve passar facilmente através dos tubos durante a bombagem, etc., e através de grandes armaduras congestionadas.
3. O betão deve estar isento de segregação e de agregados.

Os componentes básicos do betão auto-adensável são semelhantes aos do betão convencional normal, mas são introduzidas algumas modificações na mistura com o objetivo de alcançar os princípios básicos. As modificações podem consistir na alteração da proporção dos constituintes ou na adição de alguns constituintes adicionais. Uma forma de obter um betão auto-adensável é limitar o teor de agregado grosso no betão convencional. Uma vez que existe uma distância significativa entre as partículas de agregado, a diminuição da percentagem de agregado grosso reduz a probabilidade de interbloqueio dos agregados. Outro requisito importante do betão auto-adensável é a elevada viscosidade, que mantém a sua elevada resistência à segregação e evita o bloqueio das partículas de agregado no momento do bombeamento para as tubagens. A elevada viscosidade da mistura de betão pode ser obtida diminuindo a relação água-pó para um valor inferior e adicionando correspondentemente um super plastificante.

6.4. MECANISMO PARA A REALIZAÇÃO DOSCC

O método para obter a CCS quando o betão flui através das zonas limitadas dos varões de reforço exige não só uma grande deformabilidade da pasta ou argamassa, mas também resistência à segregação entre o agregado grosso e a argamassa. Okamura e Ozawa utilizaram as seguintes formas para obter a auto-compatibilidade.

6.5. Diretrizes de conceção de misturas SCC (EFNARC)

1. Teor total de pó - 161 a 239 litros (350-600 kg) por metro cúbico, com um rácio p/p de 0,80 a 1,10.
2. O teor de agregado grosso da mistura é normalmente de 28 a 35 por cento em volume.
3. A relação a/c é escolhida com base nas especificações da norma EN 206. O teor de água da maioria dos solos não excede os 210 litros por m3.
4. O volume dos outros ingredientes é equilibrado pelo teor de areia.

Processo para cumprir os requisitos da EFNARC:

São três os principais métodos que ajudam a cumprir os requisitos de auto-incompatibilidade do betão:

Grande quantidade de finos: Inclui o cimento e as partículas de tamanho semelhante. Neste caso, todos os materiais que passam pelo peneiro de 0,125 mm podem ser designados por finos.

Utilização de super plastificantes redutores de água: Estes podem resultar numa redução de água de cerca de 40%.

Utilização de aditivos modificadores da viscosidade: Estes ajudam a cumprir a estabilidade e, consequentemente, a resistência à segregação da mistura.

Para obter um betão auto-adensável, é necessário um compromisso entre as duas propriedades seguintes:

Deformabilidade do betão: Esta propriedade exige uma elevada trabalhabilidade, que pode ser conseguida aumentando o rácio água-pó ou utilizando redutores de água.

Viscosidade do betão: Com o aumento da trabalhabilidade, a viscosidade adequada do betão para evitar a segregação não é atingida. Uma viscosidade adequada exige uma menor relação água-cimento ou a utilização de agentes modificadores da viscosidade.

6.6.SSC FRESH CONCRETETESTS

Capacidade de enchimento: Sob o seu próprio peso, o SCC tem o potencial de fluir nos espaços vazios sob a cofragem.

Capacidade de passagem: Esta é a capacidade do SCC de fluir através de aberturas apertadas, tais como espaços entre barras de reforço de aço, sob o seu próprio peso.

Resistência à segregação: O SCC deve cumprir os níveis exigidos de propriedades de enchimento e capacidade de passagem, enquanto a sua compactação permanece uniforme durante todo o processo de transporte e colocação. Muitos testes foram utilizados em aplicações bem sucedidas do SCC. No entanto, em todos os projectos, o SCC foi produzido e colocado por um empreiteiro experiente cujo pessoal foi formado e adquiriu experiência com a interpretação de um grupo diferente de ensaios. Noutros casos, a construção foi precedida de ensaios à escala real nos quais foi utilizado um número, muitas vezes excessivo, de ensaios específicos (Ouchi et al 1996). Os mesmos ensaios foram posteriormente utilizados no próprio local. Segue-se um breve resumo dos ensaios mais comuns atualmente utilizados para a avaliação das propriedades do betão celular no estado fresco.

FLUXO DE ABATIMENTO E TEMPO T500:

Na ausência de impedimentos, o ensaio de escoamento e o ensaio do tempo T500 são utilizados para determinar a capacidade de escoamento e a velocidade do betão auto-adensável. O resultado é uma medida da capacidade de enchimento do betão auto-adensável. O ensaio de abatimento é realizado despejando betão fresco num cone. A média do maior diâmetro do espalhamento do fluxo de betão e o comprimento do espalhamento (diâmetro do espalhamento) em ângulos rectos (direcções perpendiculares) a este é o ensaio de abatimento do fluxo.

Aparelho:

\> Cone de Abram com uma altura de 300 mm e diâmetros internos superior e inferior de 100 e 200 mm, respetivamente.

\> Uma placa plana com uma superfície regular de, pelo menos, 900 mm por 900 mm, sobre a qual o betão pode ser colocado como placa de base. A superfície da placa deve ser plana, lisa e não porosa, com uma espessura mínima de dois milímetros.

\> O centro da placa é marcado com uma cruz, cujas linhas são paralelas aos lados do bordo da placa, e com círculos de 200 mm de diâmetro e 500 mm de diâmetro, cujos centros coincidem com o ponto central da placa.

\> O cronómetro mede até 0,1 segundos.

\> Regra (escala) que varia de 0 a 1000 mm com intervalos de 1 mm.

\> A massa de betão é de 9 kg.

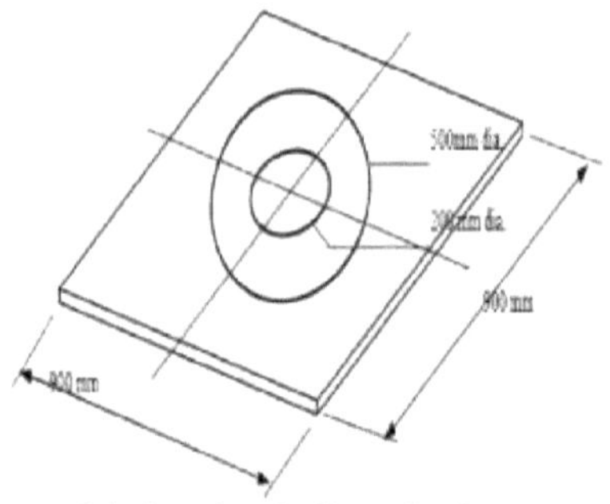

Figura 6.1: Quadro de fluxo de slump

Procedimento:

1. Colocar a placa de base limpa numa superfície plana e regular.

2. Para manter o cone no lugar, posicione-o na placa circular de 200 mm e fixe-o.

3. Encher o cone com a amostra de ensaio retirada do balde, sem a compactar ou vibrar, bem como com o betão adicional acima do topo do cone.

4. Certificar-se de que a superfície não está húmida e seca.

5. Levantar o cone, permitindo que o betão flua livremente sem ser obstruído pelo cone, e iniciar o temporizador quando a extremidade livre do cone tocar na placa de base.

6. Quando o betão se aproximar pela primeira vez do círculo indicado de dimensão 500 mm, parar o cronómetro. O valor T500 foi calculado utilizando a leitura do cronómetro. Quando o fluxo de betão tiver cessado, o ensaio está concluído.

7. Utilizando a escala da régua, medir o maior diâmetro de leitura do fluxo dma e dprep (leitura para os 4 mm mais próximos).

Cálculos:

A dispersão do fluxo de escoamento (denotada como S) é a média dos diâmetros dmax e dperp. S é expresso em mm.

S= 0,5 x (dmax + dprep)

Tabela 6.1 Intervalo de escoamento do abatimento e intervalo de tempo T500

Fluxo de queda mm	< 600	600-750	>750
Tipo de SCC	Baixa	Médio	Elevado
T500seg	< 3,5	3,5 - 6	>6
Tipo de SCC	Elevado	Média	Baixa

L- BOXTEST:

O ensaio da caixa em L é utilizado para determinar se o betão autocompactável pode fluir através de aberturas esticadas sem segregação ou encravamento, tais como espaços entre barras de reforço e outros impedimentos. A primeira tem dois varões lisos de 12 mm de diâmetro com um espaço de 59 mm entre eles, enquanto a segunda tem três varões lisos de 12 mm de diâmetro com um espaço de 41 mm entre eles.

Aparelho:

> Caixa em L normalizada, como mostra a figura.

> Régua de cálculo, graduada de 0 a 300 mm em intervalos de 1 mm.

> Amostra com um volume não inferior a 14 litros.

Procedimento:

1.   Segurando a caixa em L sobre uma base horizontal plana, fechar a porta que liga as partes vertical e horizontal.

2.   Colocar o betão do recipiente na tremonha vertical da caixa de enchimento em L e deixar repousar durante (50 10) segundos.

3.   Se houver segregação, anote-a e, em seguida, levante o portão para que o betão possa fluir na parte horizontal da caixa em L.

4.   Quando o movimento tiver cessado, medir a distância vertical.

5.   Estas 3 medidas foram utilizadas para calcular a profundidade do betão como H2 mm, subtraindo a altura da parte horizontal da caixa. A mesma abordagem é utilizada para determinar a profundidade instantânea do betão atrás do portão como H1 mm.

Cálculos:

A capacidade de passagem (PA) é calculada com base nas seguintes equações

PA = H2/H1

O valor da capacidade de aprovação (PA) deve ser de 0,8 a 1.

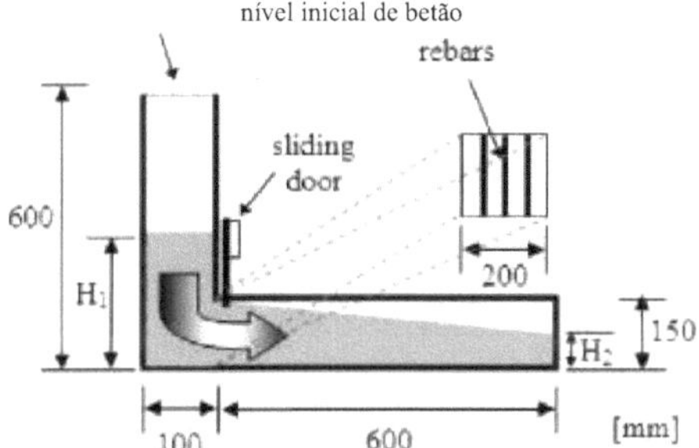

Figura 6.2: Pormenores da caixa em L

TESTE V-FUNNEL:

A viscosidade e a capacidade de enchimento do betão auto-adensável são medidas utilizando o ensaio do funil em V (SCC), que é determinado enchendo um funil em forma de V com betão fresco e registando (medindo) o tempo que o betão demora a sair.

Aparelho:

>   O funil em V é composto por aço e tem um portão de abertura impermeável. É montado em suportes verticais nas extremidades.

>   Para registar o tempo de fluxo dos funis em V, utilizar um cronómetro com uma precisão de 0,1 segundos.

>   Para colher amostras de betão, é utilizado um balde com uma capacidade de 14 litros.

Procedimento:

1.   Limpar o funil em V e a porta de base, depois humedecer toda a superfície interior, bem como a porta.

2.   Feche a comporta e deite a amostra de betão no funil, sem a calcar nem agitar, e raspe o betão excedente com uma régua.

3.   Colocar o balde por baixo do funil para impedir que o betão escorra para fora.

4.   Libertar o portão e medir o tempo tv a partir da abertura do portão, de modo a poder ser largado no balde que está colocado por baixo do funil após um recuo de (10 2) segundos a partir do enchimento do funil com betão. O tempo de escoamento de um funil em V é

designado por tv. o tv varia entre 6 e 12 segundos.

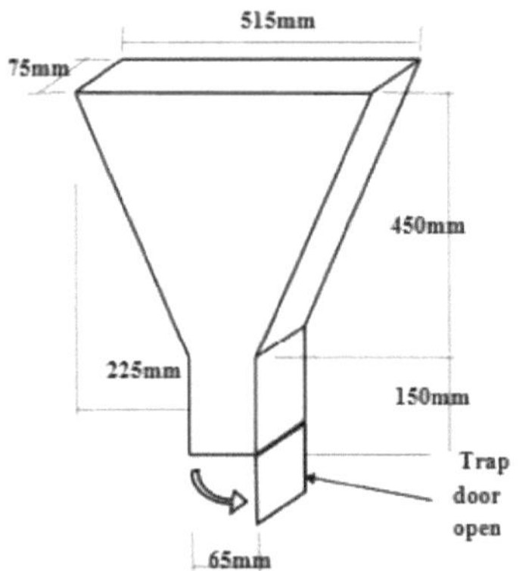

Figure 6.4:V-FunnelDetails

Figure 6.5: V-Funnel withSCC

Figura 6.4: Pormenores do funil em V Figura 6.5: Funil em V com SCC

MÉTODO DE TESTE U-BOX:

Introdução:

O aparelho é constituído por um recipiente com dois compartimentos, R1 e R2, separados por uma parede central. Entre os dois compartimentos existe uma abertura com uma porta de correr. No portão, são colocados varões de reforço de 13 mm de diâmetro nominal, com um espaçamento de 50 mm de centro a centro. Assim, os varões têm um espaço livre de 35 mm entre eles. A secção da esquerda é preenchida com cerca de 20 litros de betão, após o que o portão é levantado e o betão flui para cima para a outra metade. Em ambas as partes, a altura do betão é medida. A Sociedade Japonesa de Engenheiros Civis recomenda um projeto alternativo de caixa que se baseia na mesma premissa que este.

Equipamento:

Caixa em U, colher de pedreiro, pá, cronómetro

Procedimento:

1. O ensaio requer cerca de 20 litros de betão, que pode ser amostrado de forma rotineira. Colocar o dispositivo em solo firme e verificar se a porta de correr pode abrir e fechar livremente.

2. Remover o excesso de água das superfícies interiores do equipamento.

3. Encher um dos compartimentos do aparelho com a amostra de betão. Deixar repousar durante um minuto.

4. Deixar sair o betão para o outro compartimento, levantando a porta deslizante.

5. Medir a altura do betão no compartimento que foi preenchido em dois locais depois de ter ficado em repouso e determinar a média (H1).

6. Medir também a altura do outro compartimento (H2). Calcular a altura de enchimento H1 - H2. O teste completo deve ser efectuado em menos de 5 minutos.

Interpretação dos resultados:

Assim, H1 - H2 = 0.

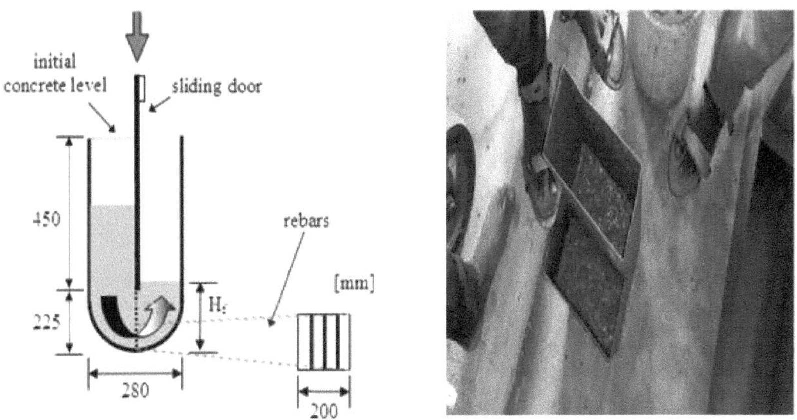

Figura 6.6: Detalhes da caixa em U Figura 6.7: Caixa em U com SCC

Tabela 6.2: Orientações da EFNARC para betão fresco

S.N.	Métodos de ensaio	Unidades	Gama de valores	
			Mínimo	Máximo
1	Fluxo de queda	mm	650	800
2	Fluxo de queda T500	sec	2	5
3	Funil em V	sec	6	12
4	Caixa L	rácio (H2/H1)	0.8	1.0

CAPÍTULO-7

ENSAIOS DE BETÃO ENDURECIDO

PROPRIEDADES ENDURECIDAS:

Máquina de teste de compressão digital Caraterísticas principais:

> A IS -516 e a IS 14858, bem como outras normas ASTM, EN e BS, são cumpridas.

> A normalização depende das placas e dos acessórios selecionados.

> A deteção e a visualização do stress são efectuadas automaticamente.

> Está prevista uma proteção contra sobrecargas.

> São apresentados a carga máxima, a tensão máxima e o número de registo único.

> Podem ser configurados vários modos no EDI.

> Calibração em tempo real

> CVT fornecido para manter a tensão consistente na indicação digital. Armazenamento de dados aprox. 2000 registos

> O alcance do CTM digital é de 2000 KN.

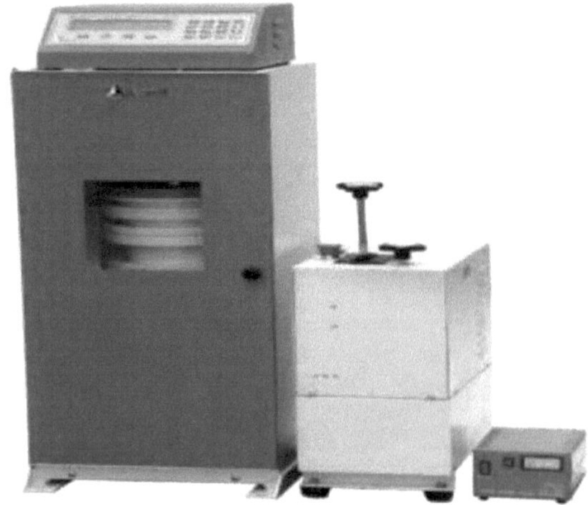

Figura 7.1: Máquina digital de ensaio de compressão

7.1.ENSAIO DE RESISTÊNCIA À COMPRESSÃO

A resistência à compressão de todos os espécimes em cubo foi determinada utilizando uma máquina de ensaios de compressão de acordo com a norma IS 516 - 1959. Os espécimes foram comprimidos utilizando uma máquina de ensaio de compressão com uma capacidade de 200 toneladas. 150 mm x 150 mm x 150 mm x 150 mm x 150 mm x 150 mm x 150 mm x 150 mm x 150 mm x 150 mm Entre as duas placas de extremidade, foi colocado um provete de cubo de betão, tendo o mecanismo hidráulico aplicado a carga de compressão no provete. Foi registada a carga máxima que o provete de betão pode suportar. A carga final do provete de betão foi medida e a resistência à compressão foi estimada.

Geral:

A resistência à compressão de todos os provetes de cubo foi determinada utilizando uma máquina de ensaios de compressão de acordo com a norma IS 516 - 1959.

Configuração do teste:

Os provetes foram comprimidos numa máquina de ensaios de compressão com uma capacidade de 200 toneladas.

Tamanho dos espécimes:

Os provetes de ensaio têm uma forma cúbica de 150 × 150 × 150 mm.

Procedimento de ensaio:

Entre as duas placas terminais, foi inserido um provete de betão em cubo. O mecanismo hidráulico aplicou a carga de compressão no provete. Foi registada a carga máxima que o provete de betão pôde suportar.

Figura 7.2: Ensaio de resistência à compressão

7.2.ENSAIO DE TRACÇÃO DIVIDIDO

O ensaio de tração por arrancamento foi realizado de acordo com o processo definido pelas Especificações Técnicas Nacionais Brasileiras, que passou a ser designado por "ensaio brasileiro", tendo sido determinada a resistência à tração por arrancamento de todos os provetes. O ensaio de resistência à tração por compressão é utilizado para determinar a resistência ao cisalhamento das secções de betão. Os provetes foram comprimidos com uma máquina de ensaios de compressão com capacidade de 200 toneladas. Se a maior dimensão nominal do agregado não exceder 20 mm, os provetes cilíndricos têm 150 mm de diâmetro e 300 mm de comprimento. Para criar tensão transversal, o provete cilíndrico é colocado de lado e carregado em compressão diametral. Quando o cilindro é esmagado por duas chapas planas paralelas situadas em dois pontos diametralmente opostos da superfície do cilindro, surgem tensões de tração substanciais ao longo do diâmetro que passa pelos dois pontos, as quais, no seu limite, produzem a carga com que o provete de betão colapsou.

Tamanho dos espécimes:

Se a maior dimensão nominal do agregado não exceder 20 mm, os provetes de ensaio de forma cilíndrica têm 150 mm de diâmetro e 300 mm de comprimento.

Procedimento de ensaio:

Para criar tensões transversais, o provete é colocado de lado e carregado. Na prática, a carga aplicada ao provete provoca tensões de tração no plano que suporta a carga, bem como relativamente fortes à sua volta. Quando o cilindro é esmagado por duas placas de face paralelas posicionadas em locais diametralmente opostos na superfície do cilindro, surgem tensões de tração substanciais ao longo do diâmetro que passa entre os dois pontos, as quais, no seu limite, resultam na carga à qual o provete de betão falha.

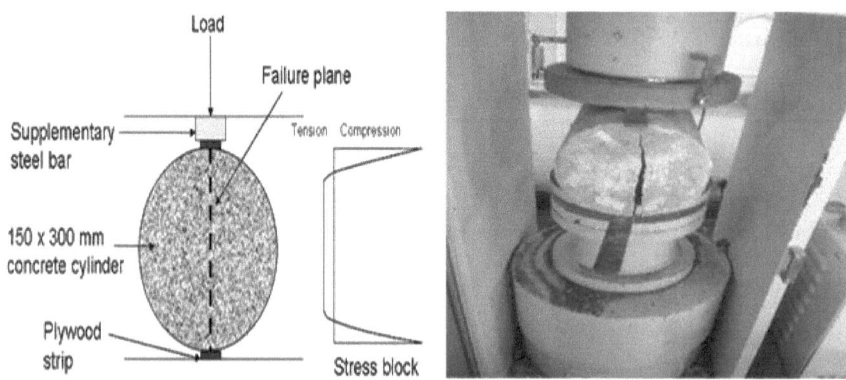

Figura 7.3: Disposição do ensaio de resistência à tração por compressão

7.3. ENSAIO DE RESISTÊNCIA À FLEXÃO

O objetivo deste ensaio era determinar a resistência à flexão do betão. O ensaio foi efectuado de acordo com a norma IS 516-1959. Os provetes foram testados utilizando uma máquina de ensaios universal com uma capacidade de 200 toneladas. Se a maior dimensão nominal do agregado não exceder 19 mm no provete, os provetes têm a forma de prismas de 100*100*500 mm. Toda a areia solta ou outro material foi removido das superfícies do provete onde entraria em contacto com os rolos, e as superfícies de apoio dos rolos de suporte e de carga foram limpas. O provete foi então colocado na máquina de modo a que a carga pudesse ser aplicada na superfície superior, tal como tinha sido vazado no molde, ao longo de duas linhas espaçadas de 133 mm. O eixo do provete foi alinhado com precisão com o eixo do dispositivo de carga. Entre as superfícies de apoio do provete e os rolos, não foi utilizada qualquer embalagem. A carga foi aplicada sem choque e aumentada a uma taxa de 1,76kN/min para espécimes de 100mm, resultando numa tensão extrema da fibra de aproximadamente 0,7 kn/sq mm/min. A carga foi aumentada até o provete falhar, altura em que foi registada a carga mais elevada aplicada durante o ensaio. Foi observado o aparecimento de faces de betão fragmentadas, bem como aspectos distintivos, que foram estimados como o módulo de rutura f_b, que foi calculado com uma aproximação de 0,005 kg/mm2 .

Figura 7.4: Ensaio de resistência à flexão

CAPÍTULO-8

RESULTADOS EXPERIMENTAIS

8.1. GERAL

A resistência à compressão, a resistência à tração e a resistência à flexão são todas testadas em espécimes finos curados no tanque de cura. Os espécimes foram expostos à luz solar para secagem da superfície depois de serem retirados do tanque de cura. Os espécimes são processados para teste após a secagem. A resistência à compressão, a resistência à tração e a resistência à flexão são testadas durante 3 dias, 7 dias, 28 dias e 56 dias, respetivamente, enquanto os testes de durabilidade são realizados durante 28, 56 e 90 dias.

Tabela 8.1: Propriedades frescas da mistura SCC

Mistura	Caixa em L (mm)	Caixa em U (mm)	Funil em V (seg)	T_{50cm} Deslizamento (seg)	Deslizamento (mm)
Convencional	0.8	29	9.5	4.38	660
FA-5%	0.8	28	9.35	4.28	680
FA-10%	0.79	28	9.2	4.25	685
FA-15%	0.8	26	9.26	4.11	683
FA-20%	0.82	25	9.06	3.9	705
FA-25%	0.84	24	8.76	3.8	725
FA-30%	085	21	8.23	3.42	730
FA-20%+SF-2,5%	0.81	27	8.78	3.5	715
FA-20%+SF-5%	0.83	26	8.9	3.8	738
FA-20%+SF-7,5%	0.87	24	9.3	3.21	740
FA-20%+SF-10%	0.89	27	9.4	4.5	725

Os provetes em forma de cubo são utilizados para determinar a resistência à compressão. O provete de cubo tem 150 mm x 150 mm x 150 mm de dimensão. A resistência à compressão de três cubos é avaliada após 3, 7, 28 e 56 dias.

Resistência à compressão = $-Nmm^2$

.A

Tabela 8.2: Valores de resistência à compressão para o cimento substituído por cinzas volantes

Mistura	Com valores de resistência à compressão para diferentes percentagens de cinzas volantes			
	3 dias (N/mm^2)	7 dias (N/mm^2)	28 dias (N/mm^2)	56 dias (N/mm^2)
Convencional	19.45	31.64	48.62	49.12
FA-5%	20.74	33.83	51.75	52.15
FA-10%	22.17	34.12	52.47	52.89
FA-15%	23.73	36.98	56.78	57.21
FA-20%	24.21	38.69	59.43	59.87
FA-25%	21.24	34.52	53.12	53.52
FA-30%	18.78	31.08	47.83	48.25

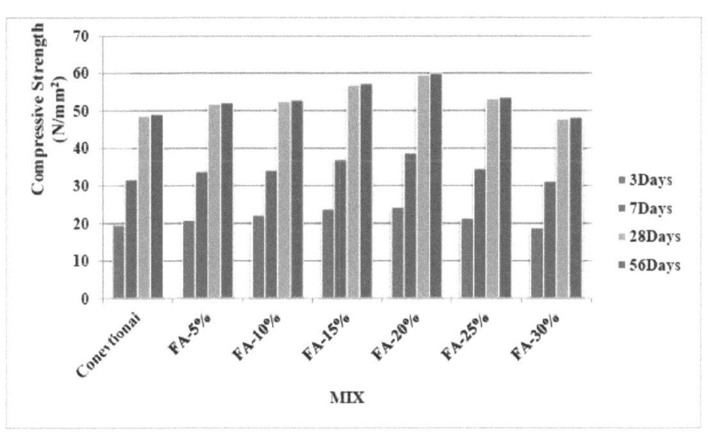

Tabela 8.3: Valores de resistência à compressão para o cimento substituído por cinzas volantes e sílica de fumo

Valores de resistência à compressão para diferentes percentagens de cinzas volantes e sílica de fumo			
Mistura	3 dias (N/mm $)^2$	7 dias (N/mm $)^2$	28 dias (N/mm $)^2$	56 dias (N/mm $)^2$
FA-20%+SF-2,5%	24.68	40.16	61.78	62.18
FA-20%+SF-5%	25.81	41.95	64.53	64.93
FA-20%+SF-7,5%	26.97	43.82	67.25	67.62
FA-20%+SF-10%	23.42	37.95	58.39	58.84

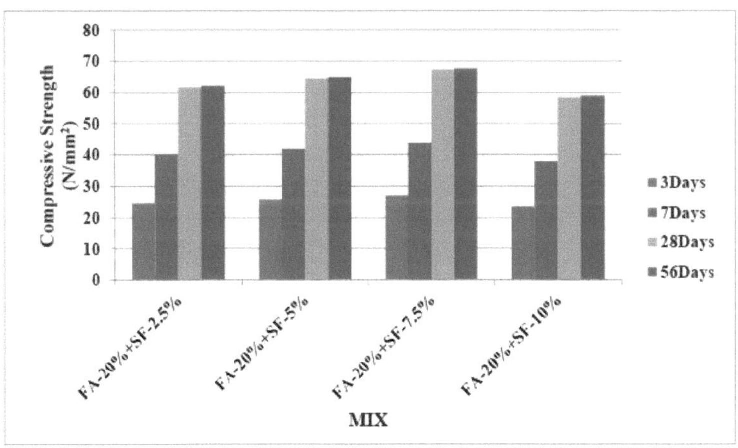

8.3. RESULTADOS DOS ENSAIOS DE RESISTÊNCIA À TRACÇÃO POR COMPRESSÃO:

Uma das caraterísticas mais fundamentais e cruciais do betão é a sua resistência à tração. Devido à sua baixa resistência à tração e à sua natureza frágil. A resistência à tração do betão, por outro lado, deve ser determinada de modo a determinar a carga à qual os elementos de betão são susceptíveis de fissurar. Após um período de cura de 3, 7, 28 e 56 dias, os espécimes cilíndricos contendo várias percentagens de cinzas volantes de alto volume e sílica de fumo foram avaliados utilizando máquinas de ensaio de compressão de acordo com a IS: 516.

Cálculo:

$$Fc = \frac{2P}{\pi LD}$$

onde

P = carga máxima em Newton aplicada ao

provete, L = comprimento do provete (em mm), e

D = diâmetro do provete (em mm).

Tabela 8.4: Valores de resistência à tração por compressão para o cimento substituído por cinzas volantes

Valores de resistência à tração por compressão para diferentes percentagens de cinzas volantes			
Mistura	**3 dias (N/mm $)^2$**	**7 dias (N/mm $)^2$**	**28 dias (N/mm $)^2$**	**56 dias (N/mm $)^2$**
Convencional	2.07	2.64	3.27	3.69
FA-5%	2.14	2.73	3.38	3.82
FA-10%	2.21	2.75	3.42	3.85
FA-15%	2.28	2.85	3.54	3.94
FA-20%	2.31	2.92	3.62	4.04
FA-25%	2.16	2.76	3.42	3.88
FA-30%	2.04	2.62	3.25	3.68

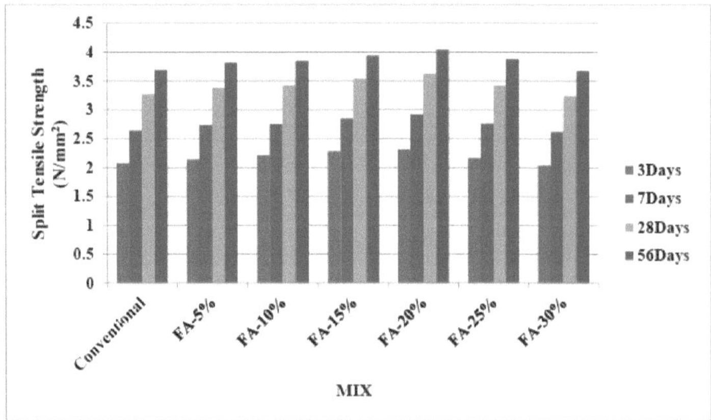

Tabela 8.5: Valores de resistência à tração por compressão para o cimento substituído por cinzas volantes e sílica de fumo

Valores de resistência à tração por compressão para diferentes percentagens de cinzas volantes e de sílica de fumo			
Mistura	**3 dias (N/mm $)^2$**	**7 dias (N/mm $)^2$**	**28 dias (N/mm $)^2$**	**56 dias (N/mm $)^2$**

FA-20%+SF-2,5%	2.33	2.97	3.69	4.41
FA-20%+SF-5%	2.38	3.04	3.77	4.19
FA-20%+SF-7,5%	2.44	3.11	3.85	4.28
FA-20%+SF-10%	2.27	2.89	3.59	4.03

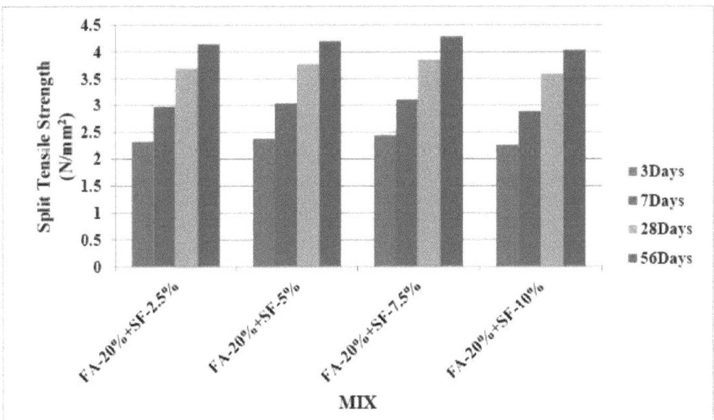

8.4.RESULTADOS DOS ENSAIOS DE RESISTÊNCIA À FLEXÃO

Os espécimes prismáticos são colocados numa máquina de resistência à flexão com uma capacidade máxima de 100KN após 3, 7, 28 e 56 dias de cura, com a carga de dois pontos localizada a 13,3cm de ambas as extremidades.

Cálculo:

$$Fcr = PL/bd^2$$

O módulo de rutura é designado por "fcr".

Tabela 8.6: Valores de resistência à flexão para cimento substituído por cinzas volantes

Valores de resistência à flexão para diferentes percentagens de cinzas volantes			
Mistura	3 dias (N/mm $)^2$	7 dias (N/mm $)^2$	28 dias (N/mm $)^2$	56 dias (N/mm $)^2$
Convencional	3.08	3.94	4.88	5.28
FA-5%	3.18	4.07	5.03	5.51
FA-10%	3.29	4.11	5.12	5.57
FA-15%	3.41	4.25	5.27	5.69
FA-20%	3.48	4.35	5.39	6.12
FA-25%	3.22	4.15	5.18	5.52
FA-30%	3.03	3.92	4.84	5.25

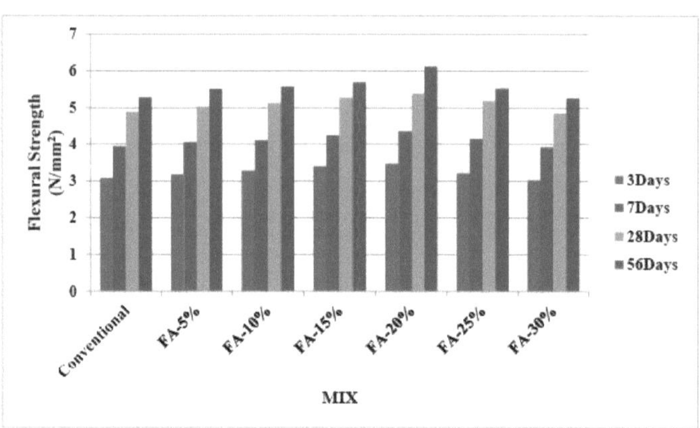

Tabela 8.7: Valores de resistência à flexão para o cimento substituído por cinzas volantes e sílica de fumo

Valores de resistência à flexão para diferentes percentagens de cinzas volantes e sílica de fumo				
Mistura	3 dias (N/mm)^2	7 dias (N/mm)^2	28 dias (N/mm)^2	56 dias (N/mm)^2
FA-20%+SF-2,5%	3.47	4.43	5.51	5.98
FA-20%+SF-5%	3.55	4.53	5.62	6.02
FA-20%+SF-7,5%	3.64	4.68	5.74	6.17
FA-20%+SF-10%	3.38	4.31	5.36	5.74

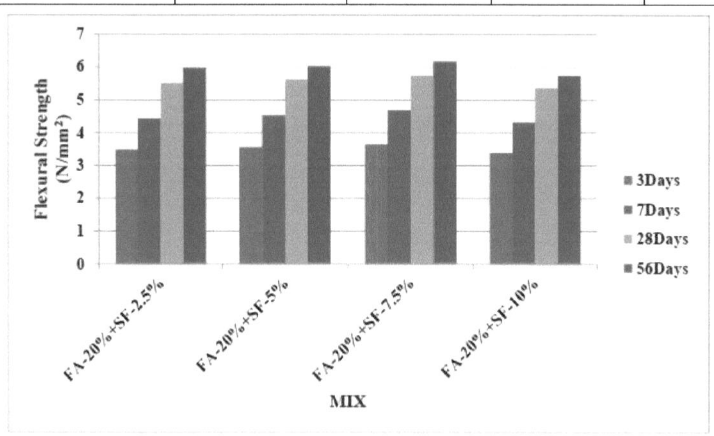

PROPRIEDADES DE DURABILIDADE

8.5. ENSAIO RÁPIDO DE PENETRAÇÃO DE CLORETOS

A capacidade do betão para resistir à penetração de iões cloreto é um fator importante para determinar a vida útil das estruturas de betão armado expostas a sais de degelo ou à água do mar.

Verificou-se que as cinzas volantes e a sílica de fumo minimizam o valor de coulomb de penetração rápida de cloreto do betão em misturas SCC, e a presença de cinzas volantes e sílica de fumo pode aumentar a permeabilidade do betão, transformando poros grandes em poros pequenos e reduzindo a microfissuração na zona de transição.

Carga transmitida (Coulombs)	Penetração de iões de cloreto
>4000	Elevado
2000-4000	Moderado
1000-2000	Baixa
100-1000	Muito baixo
<100	Negligenciável

Fórmula:

Q=9OO(Io+2l3θ+2l6θ++2Ƃoo+2Ƃзo+2Ƃ6o)

Tabela 8.8: Carga passada e classificação para misturas SCC para cinzas volantes e sílica de fumo

Mistura	28 dias		56 dias	
	Carga transmitida em Coulombs	Permeabilidade ao ião cloreto	Carga transmitida em Coulombs	Permeabilidade ao ião cloreto
Convencional	1886.04	Baixa	1441.35	Baixa
FA-5%	1165.28	Baixa	973.98	Muito baixo
FA-10%	970.24	Muito baixo	863.48	Muito baixo
FA-15%	884.91	Muito baixo	796.4	Muito baixo
FA-20%	821.62	Muito baixo	750.94	Muito baixo
FA-25%	852.63	Muito baixo	793.45	Muito baixo
FA-30%	876.51	Muito baixo	817.63	Muito baixo
FA-20%+SF-2,5%	814.73	Muito baixo	723.87	Baixa
FA-20%+SF-5%	782.17	Muito baixo	682.43	Muito baixo
FA-20%+SF-7,5%	734.98	Muito baixo	607.91	Muito baixo
FA-20%+SF-10%	774.64	Muito baixo	628.53	Muito baixo

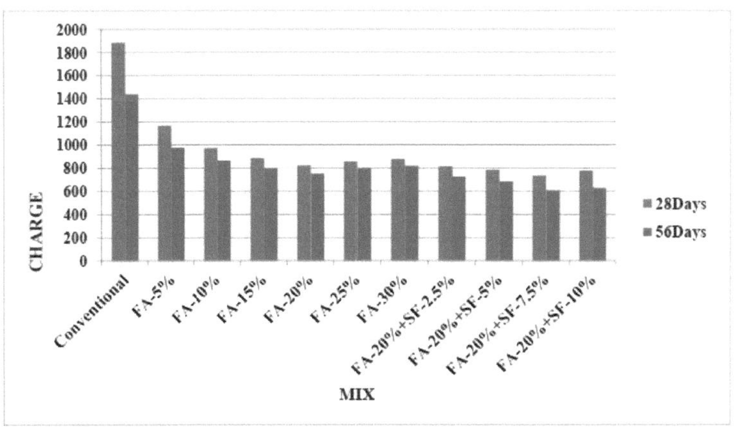

8.6.ENSAIO DE SORPTIVIDADE

Os espécimes de betão testados tinham 150*150*150mm de dimensão e foram secos no forno a 105°C durante 24 horas antes de serem testados. Durante um período de 24 horas, as amostras foram mantidas no exsicador para arrefecer. Antes de colocar a amostra no tabuleiro, o seu peso inicial foi registado. Depois disso, as amostras foram colocadas no dispositivo de suporte mantido no tabuleiro, de modo a que cerca de 1-3 mm de profundidade de água ficassem acima do dispositivo de suporte. O cronómetro foi iniciado assim que a amostra entrou em contacto com a água e a leitura foi registada retirando a amostra do tabuleiro a intervalos de 1, 5, 10, 20, 30, 60 minutos e a cada hora até 6 horas a partir do início do tempo de ensaio, e efectuando leituras a cada 24 horas durante 7 dias. Para evitar a evaporação do provete de betão, as áreas superior e circunferencial foram rebocadas.

Figura 8.1: Teste de Sorptividade

Fórmula de Sorptividade:

I= (Δm/a*d)

onde

I = absorção em mm

Δm = Variação da massa do provete em gramas

a= área exposta do provete em mm^2

d= densidade da água em g/mm^3

Tabela 8.9: Valores de Sorptividade para Cimento substituído por Cinzas Volantes

Tempo \ s seg	Convencional I mm	FA-5% I mm	FA-10% I mm	FA- 15% I mm	FA- 20% I mm	FA- 25% I mm	FA- 30% I mm
0	0	0	0	0	0	0	0
8	1.28	1.18	1.17	0.98	0.65	1.21	1.22
11	1.67	1.54	1.52	1.4	1.2	1.58	1.6
17	1.87	1.65	1.61	1.54	1.24	1.79	1.9
24	2.35	2	1.99	1.65	1.4	2.1	2.3
35	2.48	2.3	2.23	2.1	1.95	2.35	2.4
42	2.59	2.52	2.5	2.35	2	2.54	2.58
60	3.39	3.07	2.9	2.56	2.45	3.25	3.3
85	3.68	3.56	3.5	3.1	2.9	3.29	3.6

104	3.8	3.69	3.58	3.2	3.05	3.72	3.75
120	4.35	4.04	4	3.3	3.15	4.14	4.3
134	4.69	4.51	4.4	4.1	4	4.62	4.65
147	4.8	4.65	4.54	4.44	4.25	4.7	4.75
294	5.12	5.04	5.01	5	4.85	5.09	5.1
416	5.89	5.65	5.54	5.45	5.10	5.75	5.8
509	6.9	6.68	6.5	6.1	5.8	6.75	6.8
588	7.8	7.28	7.1	6.8	6.1	7.6	7.75
657	8.32	8.21	8.12	7.89	6.68	8.27	8.3
720	9.8	9.37	9.47	9.2	7.9	9.4	9.65
778	10.5	10.34	10.2	10	9.7	10.37	10.44

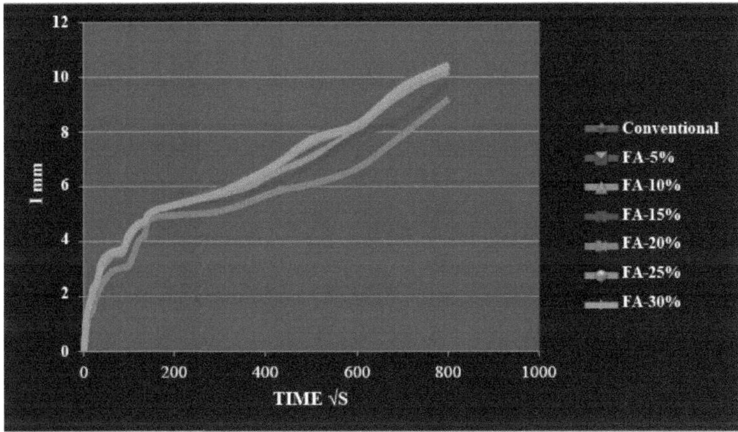

Tabela 8.10: Valores de Sorptividade para Cimento substituído por Cinzas volantes e Sílica de fumo

Tempo \ s seg	FA-20%+SF-2,5% I mm	FA-20%+SF- 5% I mm	FA-20%+SF-7,5% I mm	FA-20%+SF-10% I mm
0	0	0	0	0
8	0.55	0.48	0.44	0.62
11	0.9	0.75	0.7	1.11
17	1.14	1.02	0.89	1.25
24	1.24	1.13	1.05	1.36
35	1.65	1.42	1.2	1.78
42	1.88	1.58	1.33	1.93
60	2.17	2.04	1.78	2.28
85	2.58	2.4	2.1	2.69
104	2.82	2.63	2.45	2.98
120	2.97	2.7	2.58	3.21
134	3.2	2.98	2.6	3.59
147	3.7	3.35	3.21	3.82

294	4.2	4.05	3.38	4.43
416	4.86	4.62	4.44	4.98
509	5.2	5.18	5.03	5.49
588	5.79	5.49	5.38	5.89
657	6.2	6.05	5.89	6.8
720	6.79	6.42	6.2	7.1
778	8.43	8.1	7.5	8.4

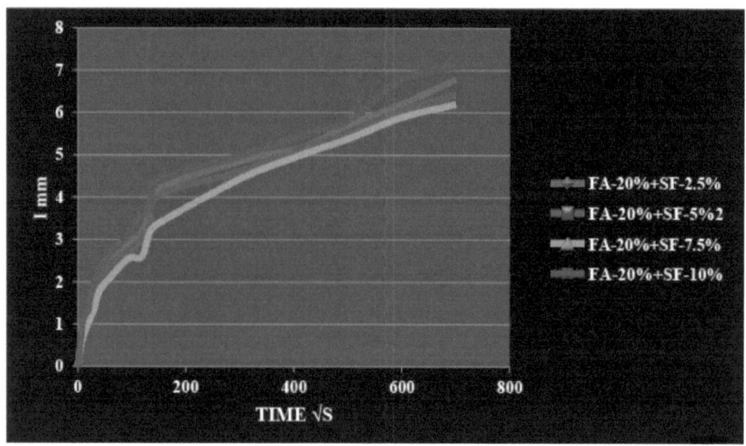

CAPÍTULO-9

CONCLUSÕES

*   De acordo com os critérios da EFNARC, as propriedades no estado fresco das misturas SCC estão em boas condições e têm grande capacidade de fluxo, enchimento e passagem.
*   O SCC contém cimento substituído por 20% de FA e 7,5% de SF. Nas idades de 3, 7, 28 e 56 dias, os valores de resistência à compressão são 26,97, 43,82, 67,25 e 67,62MPa, respetivamente.
*   O SCC contém cimento substituído por 20% de FA e 7,5% de SF. Nas idades de 3, 7, 28 e 56 dias, os valores de resistência à tração por compressão são 2,44 e 3,11,
*   e 4,28MPa, respetivamente.
*   O SCC contém cimento substituído por 20% de FA e 7,5% de SF. Nas idades de 3, 7, 28 e 56 dias, os valores de resistência à flexão são 3,64, 4,68, 5,74 e 6,17MPa, respetivamente.
*   Quando comparado com as outras misturas, o uso de cimento substituído por FA e SF, resulta em melhorias significativas na resistência à compressão, à tração e à flexão. À medida que a quantidade de FA e SF aumentou, a resistência diminuiu.
*   A resistência à compressão, à tração e à flexão foi considerada óptima quando 20% de FA e 7,5% de SF foram substituídos por cimento. Em comparação com a mistura convencional, a resistência à compressão da mistura óptima aumentou em 38,32%.
*   Em comparação com a mistura convencional, a resistência à tração e à flexão de
*   a mistura óptima aumentou 17,73% e 17,62%, respetivamente.
*   As cargas de RCPT diminuem à medida que aumentam os aditivos minerais no SCC. No final do período de cura de 28 dias, os valores de RCPT variaram de 700 a 850 Coulombs. No entanto, após 56 dias de cura, os valores de RCPT foram encontrados na faixa de 600-750 Coulombs.
*   O efeito combinado de FA e SF no SCC foi bem sucedido na redução dos valores de Sorptividade.
*   Por conseguinte, a adição de aditivos minerais conduz a uma melhoria significativa das propriedades de resistência e durabilidade do betão de auto-compactação.

REFERÊNCIAS

1. S. Mohammad et.al. 2012 publicou uma revista sobre "Propriedades mecânicas e de durabilidade do betão auto-consolidante de alto desempenho que incorpora sílica de fumo e cinzas volantes".

2. P.Dinakar et al., 2013 "Behaviour of self compacting concrete using Portland Pozzolana Cement with different levels of fly ash" (Comportamento do betão auto-adensável utilizando cimento Portland Pozzolana com diferentes níveis de cinzas volantes).

3. Nadeem et.al. 2016 publicou uma revista sobre "Sorptivity of self compacting concrete containing fly ash and silica fume".

4. F.A. Mustapha et. al., 2019 publicou uma revista sobre "O efeito da cinza volante e da sílica ativa no betão autocompactável de alto desempenho".

5. Rajesh Gupta et. al., 2020 "Mechanical and abrasion resistance performance of silica fume, marble slurry powder, and fly ash amalgamated high strength self-consolidating concrete".

6. Rafat Siddique et.al. 2011 publicou uma revista sobre "Propriedades do betão auto-adensável contendo cinzas volantes de classe F".

7. Niraj Soni et.al., 2016 publicou uma revista sobre, "Substituição parcial de cimento com cinzas volantes em betão e o seu efeito".

8. Paulo Ricardo de Matos et al., 2019 publicou uma revista sobre, "Ecological and fresh state and long term mechanical properties of high volume fly ash high performance self compacting concrete".

9. Nikita Gupta et.al., 2020 "Caraterísticas de durabilidade do betão de auto-compactação feito com escória de cobre".

LISTA DE LIVROS DE CÓDIGO

1. IS 12269:2015 Especificação para cimento Portland ordinário de grau 53, primeira revisão, BIS, Nova Deli.

2. IS 4031(Parte 1):1996 Métodos de ensaios físicos, "Determinação da finura por peneiração a seco", 2ª Edição, BIS, Nova Deli.

3. IS 4031(Parte 4):1988 Métodos de ensaios físicos, "Determinação da consistência da pasta de cimento padrão", primeira revisão, BIS, Nova Deli.

4. IS 4031(Parte 5):1988 Métodos de ensaios físicos, "Determinação dos tempos de presa inicial e final", primeira revisão, BIS, Nova Deli

5. IS 383-1970, "*Indian Standard Specification for coarse and fine aggregate from natural source for concrete*," 2ª Edição, BIS, Nova Deli.

6. IS 2386 (Parte 3):1963 Métodos de ensaio para agregados para "Gravidade específica, densidade, vazios, absorção e volume", oitava reimpressão em março de 1997, BIS, Nova Deli.

7. IS 3812(Part 2):2003 Specification for pulverized fuel ash For use as admixture in cement mortar and concrete second revision, BIS, New Delhi.

8. IS 456-2000, "*Indian Standard Code of Practice for plain and reinforced concrete*" Quarta revisão, BIS, Nova Deli.

9. IS: 10262-1982, "*Recommended guidelines for concrete mix design*", BIS, New Delhi.

10. IS 9103:1999 Specification for admixtures for concrete, first revision, BIS, New Delhi,

11. IS 516:1959 Método de ensaio para a resistência do betão, BIS, Nova Deli.

12. As diretrizes europeias para o betão auto-adensável, eurocódigo 2 (EFNARC).

13. Método de ensaio normalizado ASTM C1585-13 para a medição da taxa de absorção de água pelo betão de cimento hidráulico.

14. ASTM C1202-Método de ensaio normalizado para a indicação eléctrica da capacidade do betão de resistir à penetração de iões cloreto.

I want morebooks!

Buy your books fast and straightforward online - at one of world's fastest growing online book stores! Environmentally sound due to Print-on-Demand technologies.

Buy your books online at
www.morebooks.shop

Compre os seus livros mais rápido e diretamente na internet, em uma das livrarias on-line com o maior crescimento no mundo! Produção que protege o meio ambiente através das tecnologias de impressão sob demanda.

Compre os seus livros on-line em
www.morebooks.shop

Printed by Books on Demand GmbH, Norderstedt / Germany